高等教育"十三五"部委级规划教材

U0394202

HAND-PAINTED

SHOUHUI JINGGUAN YUANSU

ZHIWUPIAN

手绘景观元素

——植物篇

编 著／王 林

东华大学出版社
·上海·

内容提要

本书以园林景观植物表现为主要内容,详细介绍了园林常见植物的应用与表现技法,是一本真正意义上从入门到精通的手绘书籍。内容上从园林植物的钢笔画墨线表现和马克笔上色技法两方面进行了详细地讲解与分析,并根据章节知识点的不同配有针对性的步骤示范与解析,同时提供了编者大量手绘优秀作品供读者临摹和学习。本书既可作为高校园林设计、环境艺术设计、景观设计等专业的课程教材及相关机构的手绘培训教程,也是广大手绘爱好者的自学指导用书。

图书在版编目(CIP)数据

手绘景观元素 . 植物篇 / 王林编著 . -- 上海 : 东华大学出版社 , 2017.1

ISBN 978-7-5669-1123-0

Ⅰ . ①手… Ⅱ . ①王… Ⅲ . ①植物—景观设计—园林设计—绘画技法 Ⅳ . ① TU986.2

中国版本图书馆 CIP 数据核字 (2016) 第 201740 号

责任编辑:李伟伟

版式设计:上海程远文化传播有限公司

手绘景观元素——植物篇

SHOUHUI JINGGUAN YUANSU——ZHIWUPIAN

编 著:王林

出 版:东华大学出版社(上海市延安西路1882号,邮政编码:200051)

本社网址:http://www.dhupress.net

天猫旗舰店:http://dhdx.tmall.com

营销中心:021-62193056 62373056 62379558

印 刷:深圳市彩之欣印刷有限公司

开 本:889mm×1194mm 1/16

印 张:6.75

字 数:238千字

版 次:2017年1月第1版

印 次:2017年1月第1次印刷

书 号:ISBN 978-7-5669-1123-0/TU · 030

定 价:46.00元

　　每次外出旅游我都会习惯性的带上纸和笔，这样欣赏美景后的感慨也便有了表现和抒发的方式，对画画也就变得更加着迷了。

　　画画是自己喜欢的，我觉得做自己喜欢的事情，本身就是一种幸福。我从小就喜欢画画，苦恼过、矛盾过，但始终没有放弃。记得我高中时的画展是在学校的橱窗中进行的，也就是那次画展真正促使我走上了艺术的道路。

　　每当看到美丽的景色，我心里就充满喜悦，不自觉地会去细细打量一番。那种生机盎然抑或是往外舒展的油绿叶片，总能感动到我。也许是专业原因，每每走在校园的路上，我都会习惯性地观察身边的绿植，即使没带笔也会用手指勾勒一下然后速记默背，时间久了也自然多了些更深的理解和感悟。带学生们写生画古松时，我会告诉他们别急着去画，有可能的话先去围着大树转两圈，摸摸它、抱抱它，闭目凝神去感知它的苍劲与历经风霜雨雪后的风骨。这样我们才知道怎么画，才能画出些味道来。有人说，搞艺术的人多是有着浪漫情节的，我觉得有几分道理，至少是要感性一点的。画画是需要理解力和激情的，如若对眼前所画的物象无动于衷，按部就班地去描摹简直是不可想象的，那也是件痛苦的事情，遗憾的是很多人往往都是在这种状态下进行画画的。

　　我常对学生们说："坚持下去，你一定行！"。事情都有两面性，选对了方向，掌握了正确的绘画方法就一定行；如果方向错了，方法不对还坚持下去，只能是固执地走向失败。所以说，在学习阶段善于思考是很重要的，勤奋刻苦也是必不可少的，在此基础上多观察、勤练习、循序渐进，我相信大家的手绘水准定会大有提升的。

CONTENTS

第1章　植物手绘基础知识

植物是园林造景设计中的重要构成元素之一，植物本身不仅具有独立的景观表象，而且在突出园林意境、功能设计等方面有着重要作用。园林植物种类繁多，形态各异，要进行有效地手绘表现，首先要仔细观察并善于思考，尽可能多地掌握植物的生态特征和具体应用，其次进行大量的写生与临摹练习，尽早形成绘画手感。所谓的手感很大程度上讲是一种无意识的行为，只有画得多了，练得勤了，手感就自然形成，切不可操之过急。

植物手绘一般先从植物的局部开始，从上到下逐步完成整株植物，然后再从整体出发审视画面，调整干、枝、叶的相互关系，使之趋近于完美。一般要根据植物的具体生态特征来确定运笔和上色的方式，切不可按部就班的概念性涂色。譬如，表现远景乔木时则以大笔线、奔放的线条加以概括表现为妥；而表现低矮的灌木时应先抓住其生长形态、叶子形状，然后用自由活泼的笔线准确表现，并注意协调灌木丛植间的前后关系、植物局部的相互穿叉关系；在表现植物簇状或团状叶子时，钢笔笔线要灵活，有尖突与圆润的起伏变化，合理组织线条疏密关系。

1.1　植物在园林景观中的功能及意义

植物是城市生态环境中的绿色主体，具有较高的生态效益，培植丰富的植物群落不仅可以美化城市而且还可以改善空气质量、调节温度和空气湿度、涵养水分等。园林植物与山石、水体、建筑、园路等其他园林构成元素之间相互协调与陪衬，植物配置完善在深化园林总体设计方面有着重要意义（图1-1）。

图1-1 吊兰

1.1.1 艺术功能

植物景观设计是一种视觉艺术，除了具备同绘画、雕塑一样的构成艺术、色彩艺术及美感外，还能使人产生嗅觉、听觉、触觉等诸多感受，从而获得生理和心理上的舒适与愉悦（图1-2）。

植物有表现季相时序的功能，叶、花、果的季节变化，让人联想到春、夏、秋、冬的季节变化。植物与山石、地形及建筑相配植，可遮景、框景、透景与阻景，创造魅力空间和雅致意境。

图1-2 植物组合

图1-3 松树小景

1.1.2 文化功能

园林景观的意境，往往是通过植物自身的文化内涵来实现的。植物作为园林景观设计的重要组成部分，是营造绿色环境的生命载体，不仅具有绿化、美化作用，而且还兼有形态、色彩、审美等美学信息。通过植物这一载体可以反映出造园艺术的审美情趣、价值取向、生活品味等。人们畅游在优美的环境中，身心愉悦（图1-3～图1-5）。

图 1-4 植物组合小品

图 1-5 公园一景

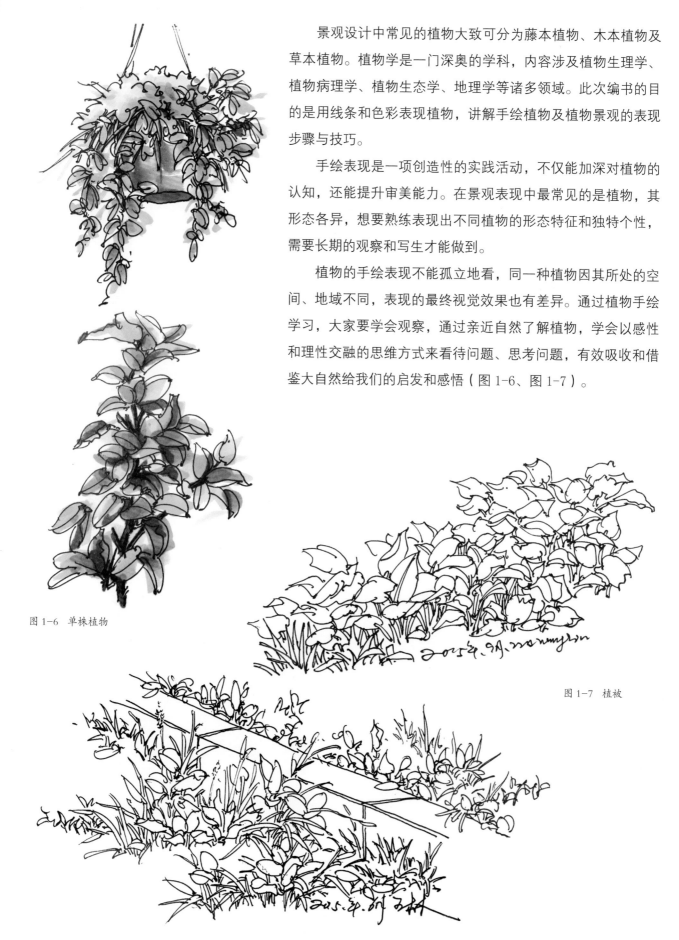

景观设计中常见的植物大致可分为藤本植物、木本植物及草本植物。植物学是一门深奥的学科，内容涉及植物生理学、植物病理学、植物生态学、地理学等诸多领域。此次编书的目的是用线条和色彩表现植物，讲解手绘植物及植物景观的表现步骤与技巧。

手绘表现是一项创造性的实践活动，不仅能加深对植物的认知，还能提升审美能力。在景观表现中最常见的是植物，其形态各异，想要熟练表现出不同植物的形态特征和独特个性，需要长期的观察和写生才能做到。

植物的手绘表现不能孤立地看，同一种植物因其所处的空间、地域不同，表现的最终视觉效果也有差异。通过植物手绘学习，大家要学会观察，通过亲近自然了解植物，学会以感性和理性交融的思维方式来看待问题、思考问题，有效吸收和借鉴大自然给我们的启发和感悟（图1-6、图1-7）。

图1-6 单株植物

图1-7 植被

1.2 工具与材料

植物景观表现技法中用到的工具有中性笔、美工笔、马克笔及纸张等。

1.2.1 中性笔

常作为练习钢笔画的首选，中性笔最大的优点是墨水流动稳定、顺畅，兼具自来水笔和圆珠笔的诸多优点，绘画手感舒适，油墨黏度适中。

1.2.2 美工笔

美工笔的优势在于笔头的特殊性，通过笔头倾斜度实现粗细线条变化的特制钢笔，应用起来较为灵活，一般来说，美工笔被广泛应用于美术绘图、硬笔书法等领域，是艺术创作时的首选工具。

1.2.3 马克笔

马克笔具有作画快、表现力强的特点，一般分为油性和水性两种。目前市场上有很多品牌的马克笔，不管选择哪一种，最重要的是熟悉它的特性。

本书中的马克笔图例分别选用了 TOUCH 和 FANDI 品牌（TOUCH 在此简用"T"代替，FANDI 则以"F"代替）。另外，在实际练习中由于马克笔的具体型号与批次不同，颜色可能会有所差异，请大家以画面实际颜色为准。

1.2.4 纸张

常用的有速写纸、绘图纸、硫酸纸及普通复印纸，其中 A4 复印纸最为常用，它具有较好的吸水性与色彩附着力，不管是钢笔画墨线绘制还是马克笔上色效果都很不错。

1.3 线条的练习

1.3.1 钢笔线条

园林钢笔画一般是以线条作为基本表现形式的，通过线来理解并构造表面形态及塑造体积。手绘学习的第一步就是线条练习，画线条有一定的技巧，需要海量练习的同时认真思考和总结，只有这样才能逐步驾驭（图1-8）。

钢笔线条有直线与抖线的说法，在钢笔画效果表现中，除了建筑构件宜用笔直的线条外，其他线条一般没必要像尺规作图那样的"直"，只要视觉上不出现断续、歪斜即可，毕竟线条本身也是有情感语言的。

抖线是在运笔过程中手可以小幅度抖动，使线有起伏变化，这样做的目的是避免僵化和呆板。尤其是在植物的具体表现中，一味地采用直线是很难想象的。一般有"几"字形和弧线形两种表现语言。"几"字形适宜表现远景较为概括的植物，用笔宜硬朗而迅捷。而弧线形往往以植物叶子的圆润特征为取向，常用于表现具体植物，笔线轻盈流畅具有很强的画面效果。

图 1-8　钢笔线条及表现

　　粗细及力度变化要根据所描绘对象特点，以此来表达对象的形体关系和空间关系。在练习中要注意线条快慢与轻重的变化，起笔收笔要果断（图 1-9、图 1-10）。

　　园林钢笔画表现方式多种多样，对画面的具体处理上也存在着诸多不同，大家没必要对所谓的表现"风格"心存顾虑。一幅钢笔画作品只要有明确的素描及明暗关系，线条熟练流畅，并有一定的概括性，能很好地表现所画对象的特征与情感，就可以被借鉴和学习。关键是要有效借鉴其中的长处为己所用，在自己理解的基础上认真揣摩，以求有所创新和突破。

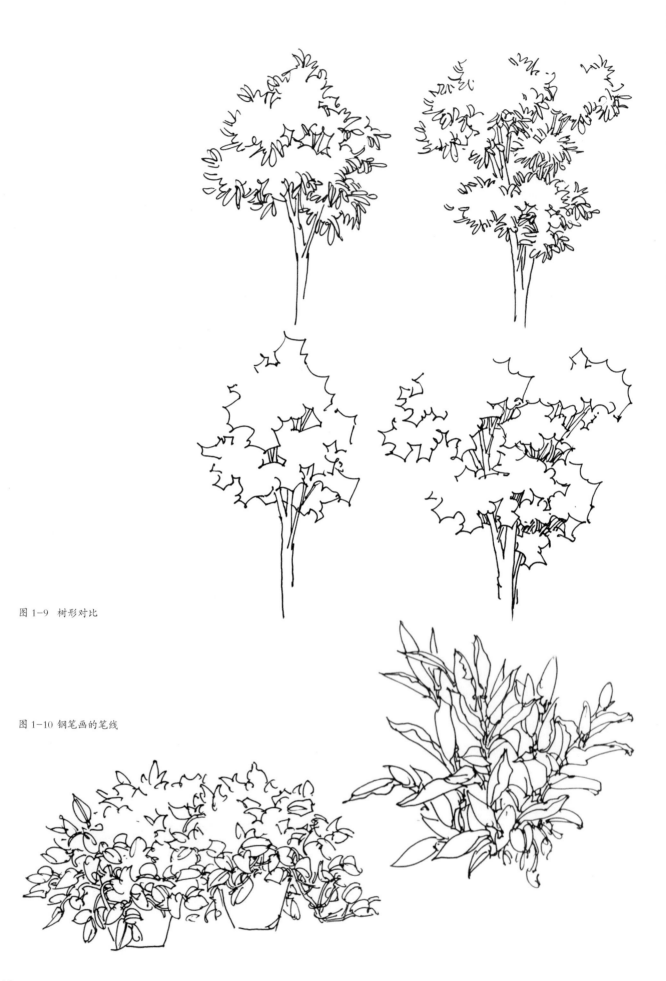

图 1-9 树形对比

图 1-10 钢笔画的笔线

1.3.2 马克笔笔触表现

　　涂色前在墨稿下面垫几张草稿纸，有助于马克笔运笔及颜色渗透，最好养成在动笔之前在草稿纸上简单画几笔，这样做有两个好处：一是防止拿错笔号，二是了解笔头的干湿程度，做到心中有数，以确定用笔的力度和速度。

　　一般来讲，马克笔上色需按照先浅后深的上色原则，运笔力度宜均匀，起笔收笔要轻松自然，笔触叠加次数不宜过多，避免色彩混浊。马克笔上色速度宜快速一些，不要长时间停顿，以免颜色渗开，破坏画面效果。马克笔运笔的方向和笔头切入角度要根据所画植物的姿态来确定，不宜机械地重复表现，笔触间要有变化（图1-11）。

图1-11 马克笔笔触表现

　　景观表现中的常用笔法如下：

　　（1）排笔法。起笔、收笔均保持笔触平行或垂直于纸面，下笔力度要均匀，速度适中，除枯笔的特殊效果外，从起笔到收笔，笔触始终如一（图1-12）。

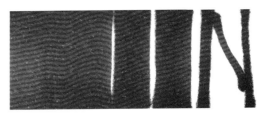

图1-12 平行笔法

（2）侧锋笔法。侧锋笔法是表现造型的常见笔法，运笔时需将马克笔的笔头卧放，笔头倾斜角度应与纸张一边平行，然后均匀用力涂画即可（图1-13）。

图1-13 侧锋笔法

（3）自由笔法。握笔及运笔的要求较为随意，力度可有轻重变化，速度一般较快，要做到手腕、手指的相互协调，笔触的触纸面积、颜色的浓淡皆可灵活变化、不拘一格（图1-14）。

图1-14 自由笔法

（4）枯笔法。指在马克笔彩色水量不足时，与纸张摩擦所产生的神奇效果来表现画面。枯笔多用于强化造型质感与肌理，也可用于表现造型暗部、倒影等（图1-15）。

图1-15 枯笔法

第 2 章　植物分类与技法讲解

　　园林景观设计中常见的植物可分为乔木、灌木、藤本及水生植物。对于不同类别的植物单体，大家可以尝试不同的表现方法，不要拘泥于一种表现手法。在画线稿时，首先要找准植物形体，笔线要轻盈自然，注意线条的流畅及连贯性，正确处理植物之间的疏密及虚实关系。

2.1　乔木

　　乔木生长周期长，园林价值高，常作为分割空间、框景、遮荫之用。一般树身都较为高大，有独立的树干，树干与树冠有着明显的区分。乔木按冬季或旱季落叶与否又分为落叶乔木和常绿乔木。其中很多乔木随着叶片的生长与凋落过程可形成丰富的季节性色彩景观。园林景观中常见的乔木有松树、银杏、柳树、椰子树、三角枫、白桦、银杏、七叶树等（图 2-1 ~ 图 2-5）。

图 2-1　红继木　　　　　　　　　　　　　图 2-2　七叶树

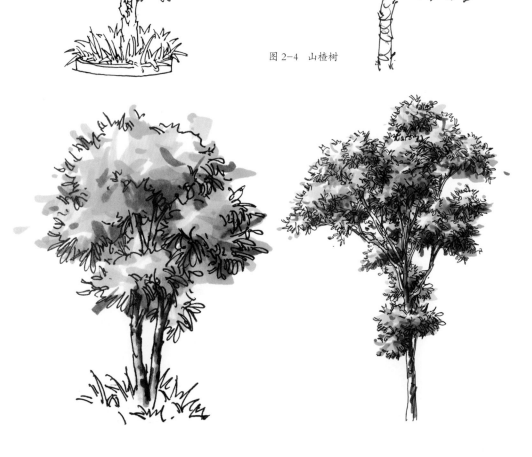

图 2-3 灯台树

图 2-4 山楂树

图 2-5 杜英

2.1.1 椰子树

椰子树为常绿乔木，单项树冠，树干较高。叶柄也较为粗壮，叶羽状全裂。椰子树种类较多，常见的有酒瓶椰子树、大王椰子树、袖珍椰子树等。常分布于热带或亚热带，属于喜光作物，在海风吹拂和温度适宜的多雨条件下生长良好（图 2-6、图 2-7）。

园林应用：椰子树无论是在绿化功能，还是空间划分中都能起到主导作用。例如界定空间、调节局部气候，提供阴凉，防止炫目等作用，有较强的地域特征，在我国南方地区是景观造景的重要植物。

景观特征： 一般来讲，椰子树树干大都笔直，无枝无蔓，多个巨大的羽毛状叶片使整个树冠看上去像一把绿色的大伞，圆圆的椰果也很是好看。椰子树树形优美，极具热带风情。当海风袭来，偌大的树冠随风摆动，俨然一幅让人神往的画境。

技法表现： 在表现椰子树羽毛状叶片时，要注意针形裂片间的线条不宜过于密集，彼此间要留有适当的空隙，并适当穿插以免呆板。另外，在组织叶片之间关系时要有空间意识。

图 2-6　椰树及局部

17

图 2-7 椰子树的不同表现

椰子树钢笔画表现步骤如图 2-8 ~ 图 2-11 所示。

步骤一：从椰子树顶部入手，确定顶部叶子形状。

步骤二：进一步完善树冠的形体结构，注意羽状叶片间要有上下叠压、前后错位的层次关系。

步骤三：继续描绘椰子树树冠的下部羽片，在叶子缝隙间可以画出椰果以填充不必要的缝隙。

步骤四：画出椰子树树干，树干的纹路需按照自然条件下的生长纹路描绘，注意线条的疏密与节奏，最后整体调整画面。

图 2-8 步骤一   图 2-9 步骤二   图 2-10 步骤三   图 2-11 步骤四

马克笔上色步骤如图 2-12 ~ 图 2- 15 所示。

步骤一：准备好椰子树的钢笔墨线稿。

步骤二：用 T-48 号色对树冠进行铺色，用笔宜清淡些并适当留白。同时用 T-97 及 T-WG3 号色对树干进行上色，注意区分明暗关系。

步骤三：用 T-47 号色对树冠进行第二次着色，注意笔触及色彩面积不宜过大。

步骤四：用 T-43 号色对叶子进行暗部加重处理，为了丰富植物整体效果可用 T-185、T-29 号色对树冠进行补充着色。

图 2-12 步骤一　　　　　图 2-13 步骤二

图 2-14 步骤三　　　　　图 2-15 步骤四

2.1.2 雪松

常绿乔木，喜光耐寒，终年苍翠。在长江中下游地区应用较多（图 2-16）。

园林应用：雪松树体高大挺拔，繁茂雄伟，是极具观赏价值的绿化树种，它具有较强的防尘降噪能力，也是很好的庭园观赏树。雪松适宜在园林景观的重要节点或草坪中央孤植，也可用于公园或单位入口两侧列植，绿化效果较好。

景观特征：树冠呈尖塔形状，树皮深灰色，树枝粗壮且平展，小枝则略向下低垂。针形叶呈灰绿色，在短枝上簇生。树形挺拔不失俏丽，迎风斗雪的气势更显磅礴，浓浓的绿色甚是壮观。

技法表现：在对雪松进行钢笔画表现时，首先要把握住雪松的形体特征，组织好线条的疏密，以便更好地表现空间层次，表现针叶时需要整理和概括，针叶间要有簇状形态表现。

图 2-16 雪松

雪松钢笔画表现步骤如图 2-17 ~ 图 2- 21 所示。

步骤一：先从雪松顶端起笔，适当概括枝叶的具体形态，笔线要有疏密和节奏变化。

步骤二：继续完善松树树体，注意把握层次关系，不宜出现两侧枝叶形体的绝对对称。

步骤三：按照上一步的方法，继续协调和完善，树体要尽量直立，不宜过度倾斜。

步骤四：继续深入描绘，完善雪松的枝叶，并画出主要树干。

步骤五：强化雪松树体的明暗关系，刻画细节并勾画地面。

图 2-17 步骤一

图 2-18 步骤二

图 2-19 步骤三

图 2-20 步骤四

图 2-21 步骤五

马克笔上色步骤如图 2-22～图 2-24 所示。

步骤一：用 F-36 号色对雪松进行初次着色，注意适当留白。

步骤二：用 T-47 及 T-48 号色对雪松进行丰富和完善，进一步强化造型的明暗关系。

步骤三：用 T-102 号色对树干进行着色，协调雪松整体的素描关系，并选用 T-185 号色对其空隙进行适当涂色以丰富画面。

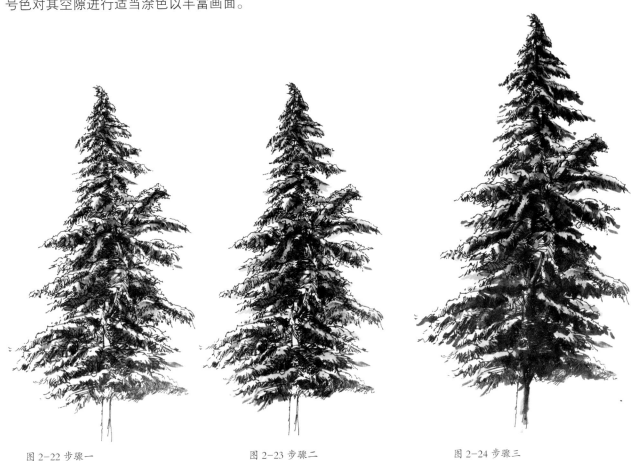

图 2-22 步骤一　　　　　　　　　　图 2-23 步骤二　　　　　　　　　图 2-24 步骤三

2.1.3 柳树

柳树对环境的适应性很广，喜光，喜湿寒，种类较多（图 -25）。

园林应用：柳树具有很好的观赏价值，是园林绿化中遮荫纳凉、防风除尘的重要树种，常栽植于河畔、坝堤、路边及山坡等处，也是庭院美化的理想树种，颇受人们的喜爱。

景观特征：细长的柳枝，嫩绿的叶子随风摆动，煞是好看。树皮组织厚，纵裂，多年老树的树干中心多朽腐而中空。

技法表现：在表现柳树的枝条时，用笔宜轻柔快速，画出的柳条要自然舒展；柳叶采用适当概括的手法，在轮廓边缘处予以必要的表现，而在形体内部则可适当省略；整个树冠要适当分开层次，不要出现像"棒棒糖"式样的呆板。

图 2-25 柳树

柳树钢笔画表现步骤如图 2-26 ～ 图 2- 28 所示。

步骤一：画出柳树大致姿态，注意将柳梢分组，用于概括树冠的层次，枝干要有前后关系，和枝条有所穿插。

步骤二：进一步完善柳梢疏密与黑白关系，适当画出柳树叶子。

步骤三：继续对柳枝及柳条进行深入表现，添加上柳叶，逐步完善画面，使之更为生动。

图 2-26 步骤一

图 2-27 步骤二

图 2-28 步骤三

马克笔上色步骤图如图 2-29 ~图 2- 32 所示。

步骤一：画出柳树墨线稿，为上色做准备。

步骤二：在线稿的基础上，选用 F-192 号色对柳树整体铺色，明确其树冠颜色，再选用 F-70 号色对树干暗部涂色。

步骤三：选用 T-47 号色对柳树树冠暗部进行局部着色，强化其明暗关系。

步骤四：选用 T-43 号色加重树冠暗部，注意用笔不宜过重，适当表现枝条和细叶，使画面更为生动；选用 T-BG3 号色给树干上色，并用 T-144 号色将树冠留白的位置适当铺色。

图 2-29 步骤一

图 2-30 步骤二

图 2-31 步骤三

图 2-32 步骤四

2.2 灌木

　　灌木是和人体高度最接近的植物群体，没有明显的主干，呈丛生状态，其中许多灌木具有优美的树形和娇艳的花朵，春花、秋叶、夏绿、冬姿独具魅力，有很强的观赏性。常用于空间限制与围合，作为高、中、低植物搭配中的中段植物使用，结合地形起伏变化实现多种造景效果。常见灌木有玫瑰、杜鹃、小檗、黄杨、铺地柏、含笑、连翘、月季等（图 2-33～图 2-38）。

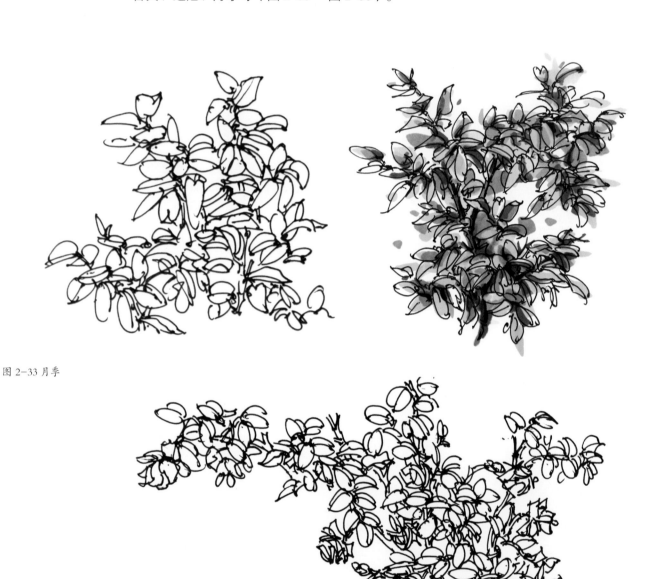

图 2-33 月季

图 2-34 灌木丛

图 2-35 其他灌木

图 2-36 其他灌木

图 2-37 孝顺竹

图 2-38 灌木丛

2.2.1 黄杨球

黄杨球为常绿灌木，喜光耐阴，适应性较强，耐修剪（图2-39）。

园林应用：常丛植于草地边缘或列植于园路两侧，还可以修剪成其他创意造型，栽植于花坛中心或对植于门厅之外，观赏效果较佳。黄杨球是绿篱及背景种植的重要植物之一。

景观特征：黄杨球枝繁叶茂，四季常青，是美丽的观叶树种。叶子正面呈深绿色，背面颜色略浅。冬天照样叶色碧绿，充满盎然生机，可远看亦可近观，颇有几分情趣。

技法表现：黄杨球枝叶茂密，表现时可用概括的笔触去表达浑圆的形体以免琐碎，当然也不可只描轮廓，不顾球体本身的结构。可用开"景窗"的方法，在球体侧面靠上的位置，画出一缺口，使之透景。当然，用写实的方法表现也不失为一种好方法。马克笔上色时，笔触宜果断大气，运笔方向要依据形体结构而变化。

图 2-39 黄杨球

钢笔画表现步骤如图2-40～图2-43所示。

步骤一：用小弧线在圆球轮廓的几个方向点处勾勒出大概的形状。

步骤二：用较为灵活的线条按照素描的明暗关系继续丰富造型，并适当区分层次。

步骤三：画出枝干，枝干之间要有穿插和前后关系。

步骤四：画出草丛以凸显造型，并调整球冠的层次，注意疏密的表达。

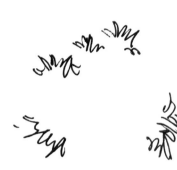

图 2-40 步骤一　　　　　　图 2-41 步骤二　　　　　　图 2-42 步骤三

马克笔上色步骤如图 2-44 ～图 2-47 所示。

步骤一：勾画灌木线稿，概括表现出植物形体结构与光影关系即可，不宜过于精细。

步骤二：根据光源所在方向，选用 T-48 号色从暗部向亮部进行逐步着色。

步骤三：选用 T-47 号色进行第二次涂色，以强调植物的明暗关系。

步骤四：选用 T-43 号色对暗部再次进行强化，色彩面积不宜完全覆盖之前的浅色，同时用 T-120 号色概括表现出植物的投影。

图 2-43 步骤四

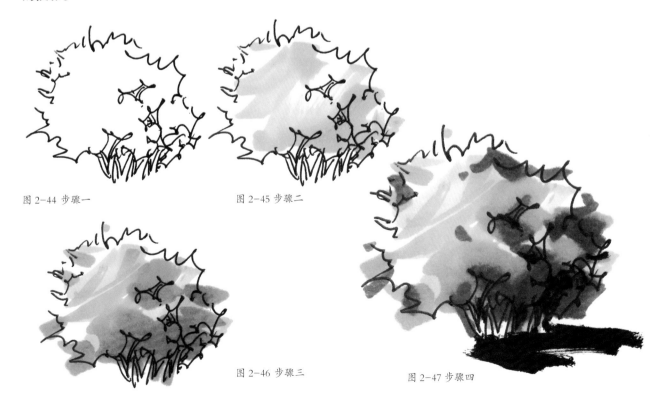

图 2-44 步骤一　　　　　　图 2-45 步骤二

图 2-46 步骤三　　　　　　图 2-47 步骤四

2.2.2 含笑

多分枝灌木，树皮暗灰色，小枝浅棕色，性喜半阴，不耐寒。

园林应用：作为一种重要的芳香花木，可丛植于公园绿地、花园、游园、庭院、溪流岸边等处，也可配植于稀疏林丛之下。

景观特征：绿意盎然，花香四溢。花直立，花瓣通常为六瓣，颜色呈乳黄色，边缘有时略带红色或紫色，花瓣娇羞欲滴，很是可爱，散发阵阵清香无不让人陶醉。

技法表现：含笑枝叶繁茂，墨线表现时应抓住主要形体特征，用较为灵活的笔线概括叶子的形状及相互重叠、穿插关系。马克笔上色时也需要用概括的笔触从树冠的形体结构及明暗关系入手，轻快果断地完成植物的色彩塑造。

钢笔画表现步骤如图 2-48 ~ 图 2-51 所示。

步骤一：确定植物的形状，从植物左上方起笔，注意叶子的长势与层次，线条要干净利索。

步骤二：加以细化，注意叶子表现的连贯性，运笔要熟练肯定。

步骤三：继续深入完善植物形状，绘制枝干时，笔线要有一定的力度不宜过软，树枝粗细及疏密以撑起树冠为准。

步骤四：根据树形需要勾画其他枝干部位，并刻画细节，进一步完善植物的结构及明暗关系。

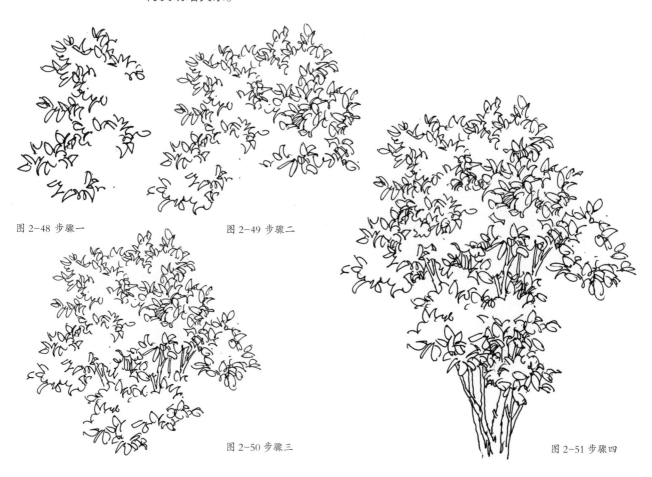

图 2-48 步骤一　　　　　　　　　图 2-49 步骤二

图 2-50 步骤三　　　　　　　　　图 2-51 步骤四

马克笔上色表现步骤如图 2-52 ~ 图 2-54 所示。

步骤一：在线稿的基础上，用颜色较浅的黄绿色 T-48 号色整体对树形铺色，笔触宜灵活多变，初步表现植物的大体颜色。

步骤二： 略等片刻待颜色略干时，继续用该色号画笔进行第二次铺色，再选用 F-70 号色在背光处给树的枝干上色。

步骤三：选用 T-47 号色进一步完善植物造型，用 T-185 号色丰富画面。

图 2-52 步骤一

图 2-53 步骤二

图 2-54 步骤三

2.2.3 散尾葵

丛生常绿灌木，叶羽状全裂，平展而稍下弯，喜欢潮湿、半荫环境（图 2-55）。

园林应用： 在家居中摆放散尾葵，不仅具有绿化、美观的效果而且具有蒸发水气的功能，室内湿度较低时，能有效提高室内湿度。也可用于庭院观赏，或盆栽，常布置于客厅、迎宾大厅、会议室、书房等处。

景观特征： 绿色的羽状叶向四面舒展，清幽雅致，姿态喜人，披针形叶子酷似椰子树的的叶子一样别致。细长的叶柄及茎干呈棕黄色，透出竹子般刚劲的风韵。

技法表现： 表现干茎要有力度，笔触不宜停顿过多，用色不宜过多，表现大体色相及明暗即可；羽状叶的表现要自然生动，线条有一定的曲柔性以贴切地表现其舒展的形态。上色不宜过于具体化，没必要去描绘每一线形叶子。

图 2-55 散尾葵

钢笔画表现步骤如图 2-56 ～图 2-58 所示。

步骤一：从植物顶部画起，株丛顶部羽叶娇嫩而且形体较小，表现时要注意区分其他部位的叶子。

步骤二：继续完善植物其他部位的羽叶，注意左右均衡。

步骤三：勾画植物的茎及下部的枝叶，调整画面使之更完整。

图 2-56 步骤一

图 2-57 步骤二

图 2-58 步骤三

马克笔上色步骤如图 2-59 ～图 2-61 所示。

步骤一：用黄绿色大笔触铺色。

步骤二：用同色系的深绿色加重植物背光部位的颜色。

步骤三：用同色系更为深的绿色再次涂色，强调植物所处空间的光感和形体的素描关系。

图 2-59 步骤一

图 2-60 步骤二

图 2-61 步骤三

图 2-62 常春藤

第二章 植物分类与技法讲解

2.3 藤本

　　藤本植物常指茎细长不能直立生长，缠绕或攀附它物上升的植物。藤本植物的范围界定并不相同，一般分为四大类：缠绕类、卷须类、蔓生类和吸附类。藤蔓植物不仅广泛应用于装饰绿亭、廊道、棚架，及坡地的绿化，还可以为人们提供凉爽、幽静的生态环境（图 2-62 ～图 2-65）。

　　藤本植物具有很好的柔性，常常作为花架、墙面等垂直绿化的植物。

　　藤蔓植物本身具有良好的观赏性，是园林中不可或缺的景观植物。其中许多又是重要的经济植物，如葫芦科的瓜类植物，丝瓜、苦瓜、南瓜等是百姓生活中重要的食用果蔬。

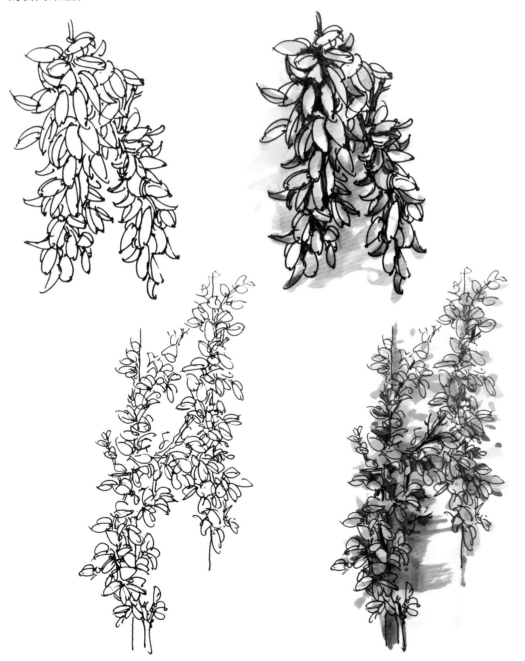

图 2-62 常春藤

图 2-63 圆锥飞蛾藤

图 2-64 金杯藤

图 2-65 炮仗花

2.3.1 紫藤

紫藤别名朱藤、藤萝，喜光耐干旱（图2-66）。

园林应用： 紫藤枝叶繁茂，是应用较广的棚架攀缘植物之一，常用于攀缘墙垣、棚架、廊道和亭子，也可用于垂直绿化，覆盖崖壁和石栏，妆点假山湖石等。

景观特征： 一串串紫色的蝶形花絮悬垂于绿色藤蔓之间，散发出沁人心脾的阵阵芳香，远远望去十分好看。成年的植株茎蔓攀绕在棚架、枯木、亭廊处，与绿叶、荚果相互衬托别有韵味。

技法表现： 表现花序时用笔要有开有合，注意处理好花序之间的疏密与穿插关系；表现大片叶子时用笔宜畅快，线条轻松自然。上色则注意把握整体的素描关系，不宜琐碎。

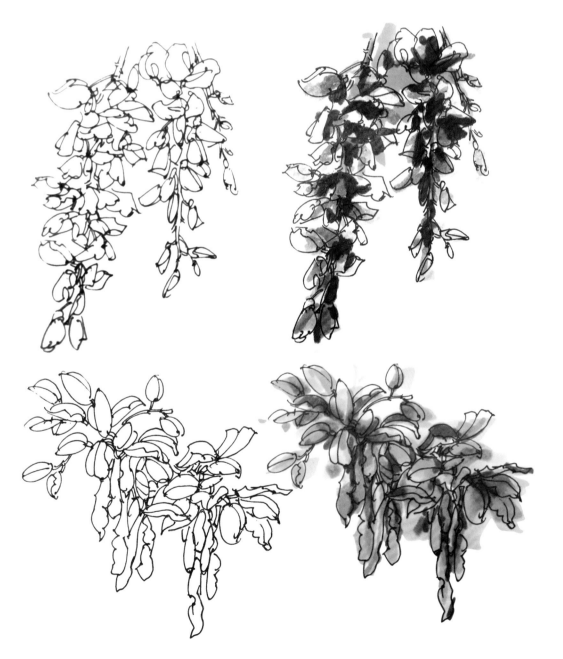

图 2-66 紫藤

钢笔画表现步骤如图 2-67 ~图 2-69 所示。

步骤一：用钢笔简单勾画出紫藤的藤条及花序的大体位置。用笔宜果断、迅速。

图 2-67 步骤一

步骤二：逐步完善花序的形状，注意花序之间的前后穿插关系及花序方向的自然，不宜画得过于饱满。

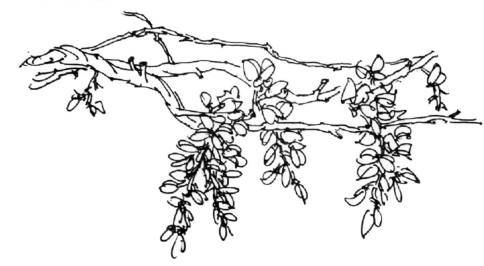

图 2-68 步骤二

步骤三：用笔要有轻重、虚实变化，既要做到灵活，又不能凌乱。使每串花序自然下垂，不能过于生硬。

图 2-69 步骤三

马克笔上色步骤如图 2-70 ～ 图 2-73 所示。

步骤一：用钢笔准确勾画出紫藤的墨线稿，用笔要流畅自然，构图完整、大方。

图 2-70 步骤一

步骤二：用 T-48 号色进行首次铺色，要顺着植物结构运笔，然后用 T-47 号色在暗部上色，笔触可以适当覆盖浅色，但不宜过多。

图 2-71 步骤二

步骤三：选用 T-43 号色加深紫藤的暗部，注意笔触不宜过于密集，用色面积也不宜过大，同时对花序进行适当着色。

图 2-72 步骤三

步骤四：完善画面，花架用 T-31 和 T-95 号色涂色，注意把握光感，要有明暗关系。这里选用了 T-144 号色对背景进行了适当的渲染，以烘托画面气氛。

图 2-73 步骤四

2.3.2 络石

别名石龙腾、白花藤，常绿木质藤本，喜弱光，耐高温（图 2-74）。

园林应用：匍匐性攀爬性较强，多用于家居庭院的棚架、篱垣、景墙等的美化；也可用装点假山、美化亭廊。在园林中多作为地被使用，具有净化空气、吸滞粉尘的作用。

景观特征：枝叶繁茂，绿意浓浓，藤蔓美观，花小色娇，不仅柔美可爱而且芬芳清秀。

技法表现：对于局部的表现宜用写实的表现技法，注意叶片之间的关系、花苞与茎蔓的生长关系，而对于大面积的植物表现则要概括处理，明确一片叶子的形态之后，以此为据大胆概括，上色也是如此。

图 2-74 络石

钢笔画表现步骤如图 2-75 ～图 2-78 所示。

步骤一：用灵活的线形从植物顶部画起，笔触间要有交叠，不能只勾画轮廓。

步骤二：向下继续完善植物造型，并适时画出茎蔓。

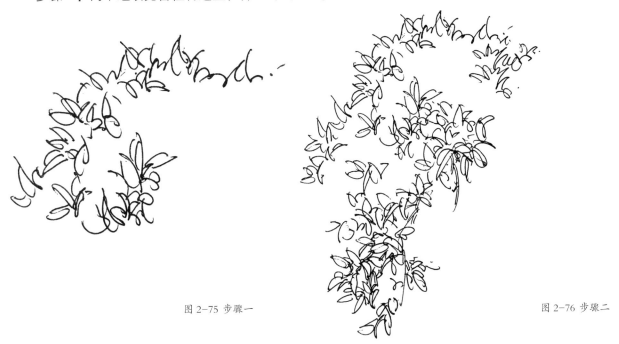

图 2-75 步骤一   图 2-76 步骤二

步骤三：按照光影方向充实、完善植物的形体，形体边缘处可画出具体的叶形。

步骤四：整体观察审视画面，调整欠缺的地方，加强明暗对比。

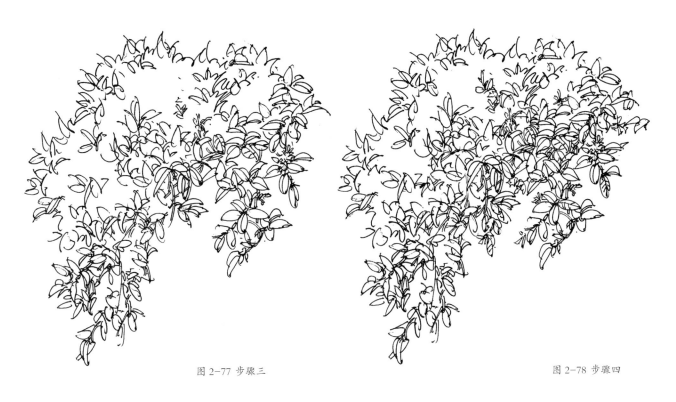

图 2-77 步骤三   图 2-78 步骤四

马克笔上色步骤如图 2-79 ~ 图 2-82 所示。

步骤一：绘制洛石墨线稿，并准备上色所需笔号。

步骤二：用 F-192 号色对植物进行快速的铺色，在受光方向适当留白。同时用 F-70 号色在枝的背光处上色。

步骤三：用 T-47 号色对植物进行第二次涂色，用 T-102 号色加深枝的背光处颜色。

步骤四：用 T-43 号色及 T-52 号色对植物暗部继续加深。

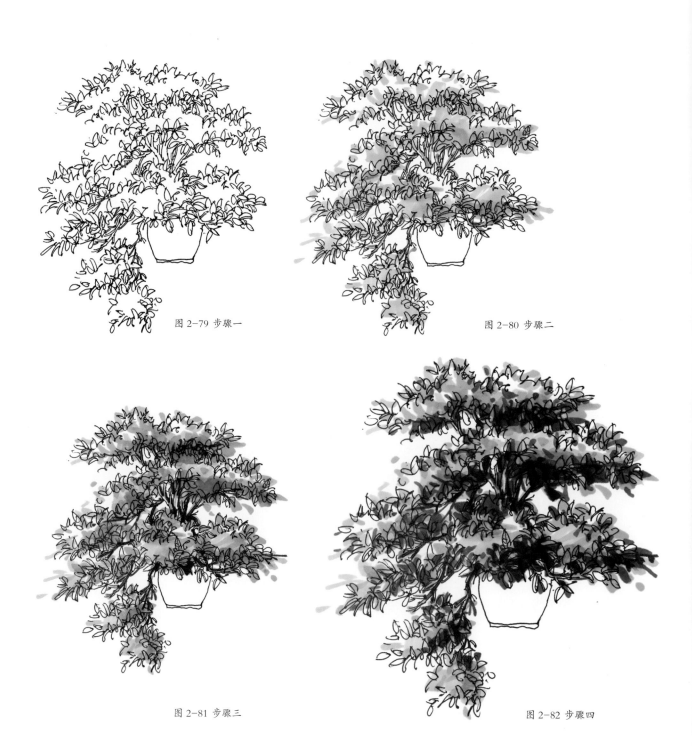

图 2-79 步骤一　　　　　　　　　　图 2-80 步骤二

图 2-81 步骤三　　　　　　　　　　图 2-82 步骤四

2.3.3 凌霄

落叶藤本植物，羽状叶，小叶卵状披针形，漏斗形花冠，喜光耐寒（图2-83）。

园林应用： 凌霄是园林造景中的传统花木，常用于依附墙垣、崖壁、大树栽植或配植于假山、廊架、石隙悬垂成景，甚至还可植于旷地作为植被灌丛。

景观特征： 仟蔓盘旋，植于棚架或石隙都是一道独特风景，花冠呈橘红色，远观近看皆宜。

图 2-83 凌霄

钢笔画表现步骤如图 2-84 ～图 2-86 所示。

步骤一：用笔线轻松勾画出局部结构。

步骤二：继续充实画面，画出植物大概的形体和叶片层次。

步骤三：在步骤二的基础上继续深入刻画植物的形态特征，整体协调其画面的完整性及平衡性。

图 2-84 步骤一　　　　　　　　　　　　　　　　图 2-85 步骤二

图 2-86 步骤三

马克笔上色步骤如图 2-87 ～图 2-89 所示。

步骤一：用 T-48 号色大笔触涂植物冠体，并用 T-9 号色画出花的颜色。

步骤二：用 T-47 号色对植物背光面进行第二次上色，笔触需连贯。

步骤三：用 T-43 号色进行少量的涂色，使造型更加结实。用 T-5 号色在花的背光处略加笔触，不要涂满。

图 2-87 步骤一

图 2-88 步骤二

图 2-89 步骤三

2.4 水生植物

园林水生植物一般指在水中生长，且具有一定的观赏价值的植物。水生植物是湿地公园及小型池塘造景的重要内容。在设计中要依据场所功能设计要求来决定植物的类别和配植方式，注意植物层次与色彩的搭配，达到因地适景、四季有景的景观效果。根据水生植物的各自生活习性，一般又分为浮叶、挺水、沉水、浮水四类（图2-90～图2-92）。

浮叶植物中很多都是观花植物，嫩绿的叶片、娇艳的花朵交相呼应，为水景增添了别样的情趣。浮叶植物在大面积水面时多采用成片或成丛的种植方式，而挺水植物则相对植株高大，种类繁多，被广泛用于河道、池塘、溪流沿岸，占据着水面、水岸等各个植物配置要点。挺水植物较为常见的有荷花、黄菖蒲、千屈菜、旱伞草、芦苇、香蒲等。

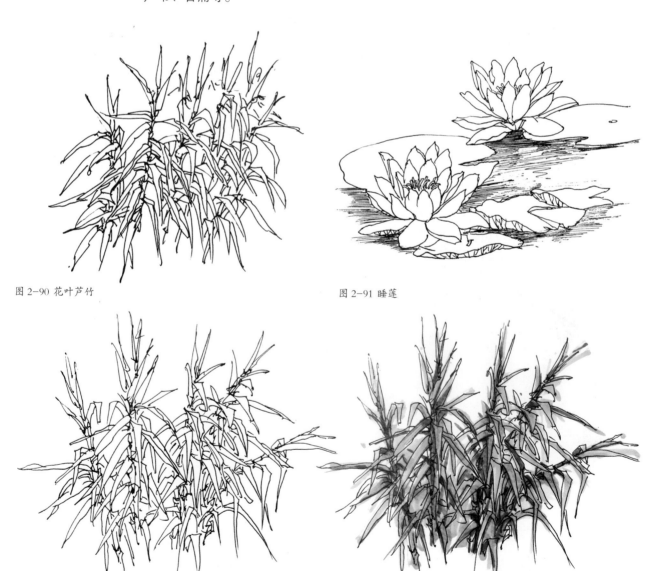

图 2-90 花叶芦竹

图 2-91 睡莲

48

2015年.9日.22.孙林
北京/圆明园

图 2-92 其他水生植物

2.4.1 黄菖蒲

叶子茂密，呈长剑形，观赏价值较高（图 2-93）。

园林应用： 适应性强、适应范围较为广泛，常用于河湖沿岸的湿地造景。

景观特征： 秀丽挺拔、花姿秀美，无论植于湖畔，还是培于河边，其视觉效果极佳，微风吹动别有一番情趣。

技法表现： 表现时要根据具体植物的形态特征，灵活地整合与归纳，笔触不宜细琐。黄菖蒲叶子细长，线形宜轻柔顺畅，起笔收笔不宜断续，注意叶子之间的穿插关系。上色时要整体铺色，不宜过早对具体叶形逐一上色，细化时用笔最好以竖向运笔为妥。

图 2-93 黄菖蒲

钢笔画表现步骤如图 2-94 ~图 2-97 所示。

步骤一：用线条画出基本骨架，叶子之间不宜平行或交叉角度过大。

步骤二：继续完善其他叶片的描绘，安排好彼此间前后的穿插关系。

步骤三：用轻淡的线条画出花朵并完成其他叶子，植物整体平衡稳定。

步骤四：丰富植物形体变化，使植物叶子更生动自然。

图 2-94 步骤一

图 2-95 步骤二

图 2-96 步骤三

图 2-97 步骤四

马克笔上色步骤如图2-98～图2-101所示。

步骤一：准备好钢笔画墨线稿，对植物造型进行上色前的理解和分析。

步骤二：用T-48号色对植物叶子进行整体快速涂色，不宜对单叶逐一涂色。

步骤三：用T-47号色对植物暗部进行加深处理，并对植物基部进行暖灰色处理。

步骤四：用T-31号色对花蕾涂色，用笔需轻淡些，同时用T-43号色加深植物暗部，用T-185和T-67号色表现水面。

图2-98 步骤一   图2-99 步骤二   图2-100 步骤三

图2-101 步骤四

2.4.2 水竹芋

造型挺拔劲翠，喜光，不耐寒冷和干旱（图2-102）。

园林应用： 水竹芋不仅是一种价值极高的观赏挺水植物，而且在净化水质以及湿地的恢复与重建中都有着不小的应用潜力。常成片种植于水池或湿地，也可盆栽于庭院水体景观中。

景观特征： 株形美观而充满生机，翠绿的叶子在阳光照射下透亮喜人，紫色的花迎风摆动，给人一种洒脱之感。

技法表现： 处理好水竹芋的茎叶关系是画好作品的关键，表现之前需认真观察，做到心中有数方可动笔，勾画叶形轮廓不宜完全封闭，适当留有开口，这样植物才会显得更生动。单一叶片的色彩表现要有颜色过渡和深浅变化，至于植物整体涂色也需按此色彩法则。

图 2-102 水竹芋

钢笔画表现步骤如图 2-103 ～图 2-106 所示。

步骤一：从植物顶端画起，确定叶子及叶茎的基本走向。

步骤二：自上而下对植物进行完善，注意叶片与叶茎的关系。

步骤三：继续完善植物的其他细节，使之更富于变化。

步骤四：画完植物其余部分，注意叶片形状不能雷同，要有翻折或大小变化，协调植物整体关系，

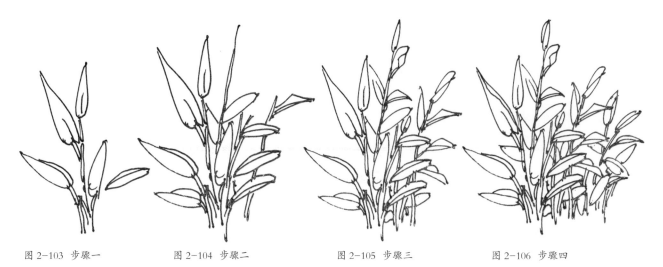

图 2-103 步骤一　　　　图 2-104 步骤二　　　　图 2-105 步骤三　　　　图 2-106 步骤四

马克笔上色步骤如图 2-107 ~图 2-110 所示。

步骤一：勾画一幅较为完整的墨线稿。

步骤二：选用颜色较浅的嫩绿色对植物进行整体铺色。

步骤三：选择适当的色号画出花序与水的颜色，并加深茎与叶的暗部颜色。

步骤四：进一步加强植物的明暗与色彩对比，协调画面。

图 2-107 步骤一　　　　　　　　　　图 2-108 步骤二　　　　　　　　　　图 2-109 步骤三

图 2-110 步骤四

2.4.3 水生美人蕉

多花，生性强健，适应性较强，喜光，适宜于潮湿及浅水处生长（图 2-111）。

园林应用：多应用于湿地、水岸、公园等地的绿化及美化。水生美人蕉可吸收有害气体，净化空气。

景观特征：叶茂花繁，花色艳丽多娇，花期长，适宜于大片栽植，也可丛植于水池，花、叶都十分迷人。

技法表现： 植物叶茎的表现要有一定的素描关系，叶片的表现要有疏密及朝向变化，色彩也不宜涂满，涂色时最重的颜色不是叶茎本身而是毗邻之间形成的缝隙处。植物整体表现也要有一定的明暗关系，适当强化暗部的表现。

图 2-111 水生美人蕉

钢笔画表现步骤如图 2-112 ～图 2-114 所示。

步骤一：画出植物的大致骨架，同时兼顾植物叶茎的节奏与平衡性。

步骤二：依次向下画出植物的其他部分，并调整叶茎的穿插关系。

步骤三：完善植物的其他细节，丰富植物造型。

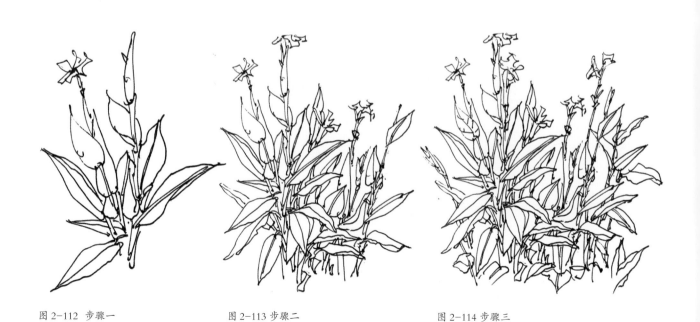

图 2-112 步骤一   图 2-113 步骤二   图 2-114 步骤三

马克笔上色步骤如图 2-115 ~ 图 2-117 所示。

步骤一：选用颜色较浅的黄色、绿色快速给花及叶茎上色，适当区分明暗关系。

步骤二：用颜色深一些的色号，重复第一步的操作，但颜色不宜完全覆盖浅色。

步骤三：用深一些的颜色强化植物的暗部，结合环境色使之更丰富完整。

图 2-115　步骤一

图 2-116　步骤二

图 2-117　步骤三

2.4.4 千屈菜

千屈菜又称对叶莲、水柳、水枝柳，多年生挺水草本植物，生于河边、湖畔，喜光耐寒，对土壤要求不高（图2-118）。

园林应用： 多用于河旁湖岸丛植或作盆栽，也可用于水生花卉园花境背景，或与其他水生植物进行配置后种植。

景观特征： 千屈菜全株绿色株丛，茎直立多分枝，姿态秀美，花色绚丽，丛植效果不错。

技法表现： 画墨线稿用笔要灵活，力度要轻，注意花序形状的大小与前后关系。上色时要区分颜色的浓淡变化，涂色不宜过满，运笔宜快速。

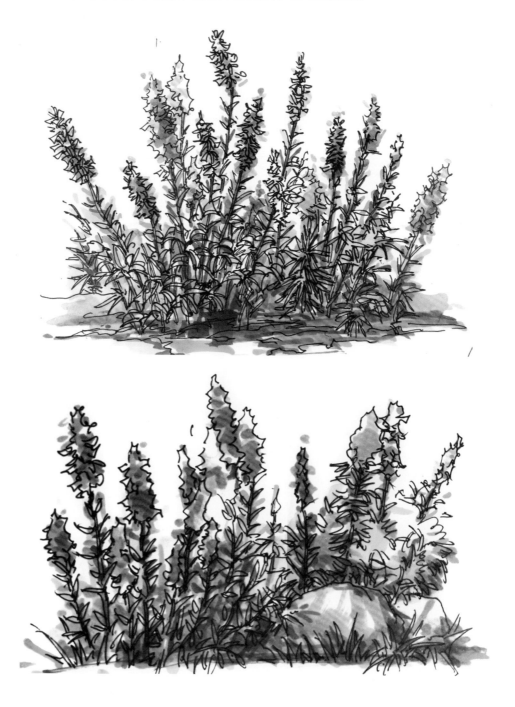

图 2-118 千屈菜

钢笔画表现步骤如图 2-119 ~ 图 2-121 所示。

步骤一：用笔先勾画出植物的局部。

步骤二：逐步添加其他部分，注意花序用笔要轻快，叶子需要进行团块的适当概括。

步骤三：完善植物整体造型，使之更饱满。

图 2-119 步骤一　　　　图 2-120 步骤二

图 2-121 步骤三

马克笔上色步骤如图 2-122～图 2-125 所示。

步骤一：认真分析墨稿，为上色做好准备。

步骤二：用 F-147 号色画出花序，运笔要灵活，颜色不宜涂满，可适当重复涂色，通过加深颜色来强化花序的明暗关系。

步骤三：用 T-47 号色大笔触铺色，然后旋转笔头勾画或涂抹叶茎，使之更生动。

步骤四：分别选用更深的绿色和紫色笔号进一步加重茎叶暗部及花序，用浅蓝色作为环境色协调画面。

图 2-122 步骤一　　　　　　　　　　　图 2-123 步骤二

图 2-124 步骤三　　　　　　　　　　　图 2-125 步骤四

第3章 植物手绘效果图表现应用

在植物效果图的表现中，除了注重表现各自形体差异外，还要从大局着手，不能过度强调细节，正确处理植物间相互陪衬及植物与其他园林设计要素的关系，整体画面要干净，要有表现主题。切不可琐碎、不分主次，看到什么画什么。

3.1 植物和植物之间的关系

植物的配植种类、种植密度及种植方式会对光照强度及阴凉空间有影响，这就要求在造景中要遵循科学与艺术相结合的处理方式，除了满足植物遮挡阳光、吸收热量、增加湿度、降低辐射的功能外还要兼顾四季有景，景致常新的原则。植物随着季节变化，其叶、花、果的形态与色彩也会变化，给人带来不同的视觉体验。植物造景通常以乔木、灌木、藤本植物、地被植物等进行多梯次搭配，实现群落化的景观效果。在效果图表现中，首先要处理好植物间的层次关系，抓大放小，不可过于追求细枝末节的局部特征；其次要明确表现植物主体，不能平分笔墨，应该重点表现主要植物，适当弱化配景植物。

3.1.1 植物组合的钢笔画表现步骤及图例

如图 3-1 ～ 图 3-6 所示。

步骤一：快速表现植物顶部结构，初步塑造植物形体。

步骤二：深入表现植物的下半部分结构及花罐，向左延伸并画出其他植物。

图 3-1　步骤一

图 3-2　步骤二

步骤三：继续完善画面，画出其他三盆陪衬的植物并协调彼此的疏密关系。

图 3-3 步骤三

图 3-4 乔木群组

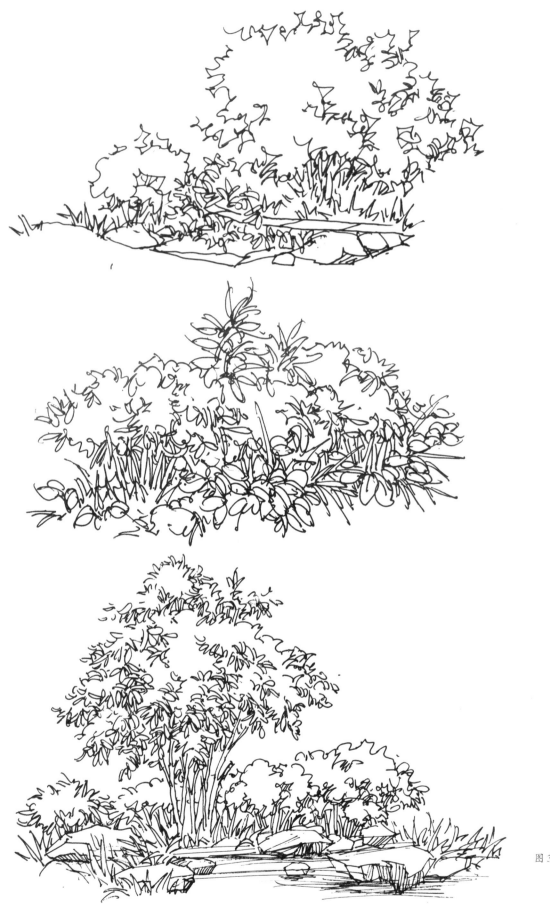

图 3-5　灌木组合

图 3-6 植物群组

3.1.2 植物组合的马克笔表现步骤及图例

如图 3-7 ~ 图 3- 11 所示。

步骤一：用较浅的黄绿色，以大笔触涂色树冠及植被，注意运笔方向。

步骤二：用颜色深一些的绿色加深树冠与灌木背光部位，并给树干涂色。

步骤三：选用其他绿色倾向的颜色号，给画面最右侧的植物上色。为了有效区分层次，给中间灌木涂浅红色，石块涂冷灰色。

步骤四：完善画面，强调明暗对比。

图 3-7　步骤一

图 3-8　步骤二

图 3-9　步骤三

图 3-10 步骤四

图 3-11 植物组合图例

3.2 植物和山石之间的关系

　　山石的形态、质地、色彩皆有不同，既可以孤赏，亦可砌作岸边石，还可以结合地形变化半埋半露，与植物相配则更显意趣。常与山石搭配植物有凤尾竹、芭蕉、鸢尾、沿阶草、松树、南天竹、旱伞草、兰花等。

植物与石块的相互陪衬是自然而和谐的，在动笔之前先要明确两者的区别与联系。首先，植物是有生命的，笔线要灵活自然，侧重植物形体与姿态的同时，更要兼顾与石头的关系；其次，石块是静止不动的，质地坚硬而相对沉重，所以画法也强调其基本的形体与稳固，笔线往往以有力的直线来表现，使之较好地陪衬植物。两者同处在一个相似的自然环境中，要考虑两者的所受光影与气候影响，比如风对植物形态的影响较大，对石块影响则小得多，作画时适当考虑风的因素，画面就会融入一种看不见的力量，使画面更为生动自然。马克笔上色时要注意植物的投影和石块间的微妙变化，另外，陪衬环境色对于提升画面的生动感至关重要。

3.2.1 钢笔画表现步骤及图例

如图 3-12 ～图 3- 18 所示。

步骤一：首先用钢笔线条画出植物的局部，确定留出必要的绘画空间。

步骤二：完成小树的描绘，并组织石块和树的关系，表现石块的线条力度适当要大一些。

步骤三：继续完善植物与石块的组合。

步骤四：添加其他植物以丰富画面，注重画面的完整性，并协调植物与石块的素描关系。

图 3-12 步骤一

图 3-13 步骤二　　　　　　　　　　图 3-14 步骤三

图 3-15 步骤四

图 3-16 植物与石块图例一

图 3-17 植物与石块图例二

图 3-18 植物与石块图例三

3.2.2 马克笔表现步骤及图例

如图 3-19 ～图 3-24 所示。

步骤一：准备墨稿图，分析植物之间的相互关系确定色调。

图 3-19 步骤一

步骤二：用 T-48 号色对绿色植物进行第一次快速上色，同样选用 T-138 号色对彩色植物进行首次铺色。

图 3-20 步骤二

步骤三：用 T-47 号色和 T-9 号色分别对绿色和彩色植物进行第二次上色，注意笔触不要将浅色完全盖住。石块则用 T-BG3 上色。

图 3-21 步骤三

步骤四：用 T-43 号色和 T-5 号色分别对绿色和彩色植物进行第三次上色，注意笔触及素描形体的塑造，同时用 T-BG5 对石块进行暗部处理。

图 3-22 步骤四

步骤五：选用 T-97 号色对栅栏进行上色，下笔力度适当有轻重变化，水面用 T-185 号色进行铺色。

图 3-23 步骤五

步骤六：对整个画面进行调节，进一步强调明暗关系，适当添加环境色以丰富画面。

图 3-24 步骤六

3.2.3 马克笔上色图例

如图 3-25、图 3-26 所示。

图 3-25 植物与石块组合。作品颜色丰富，画面构图饱满，植物、石块、木桥和水的表现都很不错，马克笔运笔熟练

图 3-26 此幅作品为不同材质的景物上色表现，画面清朗，用色整体讲究，水的质感及倒影效果较好

3.3 植物在画面中的应用

　　园林中的植物不仅可以体现季相、遮荫降温、独自成景，还可以通过植物配置影响和改变人们的视线方向，装点山水、衬托建筑，利用夹景、框景、障景等设计手法协调建筑物与周边环境的冲突，并赋予建筑物庄严肃穆的意境。

　　景观中的植物表现，首先需要确定它的作用是独自成景，还是作为配景出现。其次确定相对合适的表现风格。写实性的表现方式叙事性较强，有很好的画面表现力，容易表现场景主题和烘托气氛；而相对概括的表达方式，更类似于国画写意，不拘泥于植物具体形体和特征，追求似是而非的意境感，这种表达方式往往在烘托建筑及渲染场景气氛方面有更为直接的效果。

3.3.1 钢笔画表现步骤及图例

　　如图 3-27 ~ 图 3-36 所示。

　　步骤一：用钢笔勾画出景观中的主要植物，并画出灌丛植物。

　　步骤二：继续完善景观中的其他配景植物，并组织好画面的秩序。

　　步骤三：重复上述步骤，继续完善画面。

　　步骤四：画出景观灯及花箱，进一步协调并完善画面。

图 3-27 步骤一　　　　　　　　　　　　　　　　图 3-28 步骤二

图 3-29 步骤三

图 3-30 步骤四

图 3-31 图例一

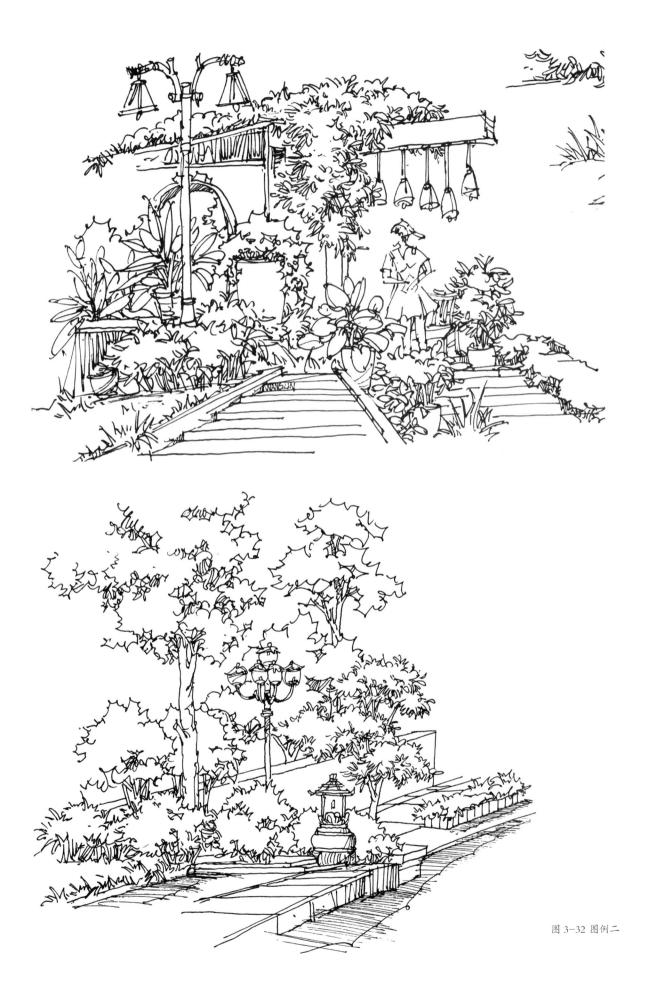

图 3-32 图例二

图 3-33 图例三

图 3-34 图例四

图 3-35 图例五

图 3-36 图例六

3.3.2 马克笔表现步骤及图例

如图 3-37 ～图 3- 42 所示。

步骤一：首先对钢笔墨线稿进行初步认识和分析，确定上色的主色调及适宜的风格。

图 3-37 步骤一

步骤二：用较浅的颜色对不同景物进行初次渲染上色，注意运笔速度和力度。

图 3-38 步骤二

步骤三：选用重一号的颜色对其进行加深，使画面逐步具有层次感。

图 3-39 步骤三

步骤四：选用同色系更为重的色号进行暗部的加深处理，辅以环境色丰富画面。

图 3-40 步骤四

图 3-41 公园一角。以上
三幅小景颜色亮
丽，构图小巧，
画面紧凑。墨线
及马克笔上色表
现都很不错

图 3-42 小区景色。作品构图采用了一点透视
的方式，马克笔用笔笔笔触断，丝毫
没有拖泥带水之感，色彩明快

表现植物最常见的问题就是对植物特点认识不清，笔触表现含糊糊而犹豫，处理不好植物造型的素描及色彩关系，缺乏对植物造型的整体归纳与概括，容易局部作画，从而使植物形体零碎。

表现植物笔法过于简单，仅用寥寥几条线条来概括表现枝繁叶茂的一棵大树，除非是景观构图需要，否则这种画法是不值得提倡的，所谓的"留白"是一种绘画技法，要用的好、用的巧，要在合适的地方，做必要的省略，不是漫无目的的简化和省略。

植物空间造型能力弱，不能正确表现枝叶的穿插关系以及团块的遮掩，表现笔触呆板，缺乏变化。

要想画好植物，首先，需要对其进行观察和必要的了解，每一种植物都有其自身的特点或独有的风貌，要认真观察、细心揣测才能下笔有神，挥洒自如。其次，要对植物进行的整理和概括，学会抓大放小，而不要过于强调细节。形体塑造要结实，使其有明确的素描关系。再次，对植物进行色彩表现时，所选颜色不宜过于热烈，画面色彩以柔和、自然为宜，运笔要轻、快，尽量一气呵成，切忌一味的涂抹。

第 4 章 手绘植物范例欣赏

4.1 钢笔类

4.1.1 乔木单体

图 4-1 大型乔木

图 4-2　中小型乔木一

图 4-3 中小型乔木二

图 4-4　中小型乔木三

4.1.2 其他观赏类植物

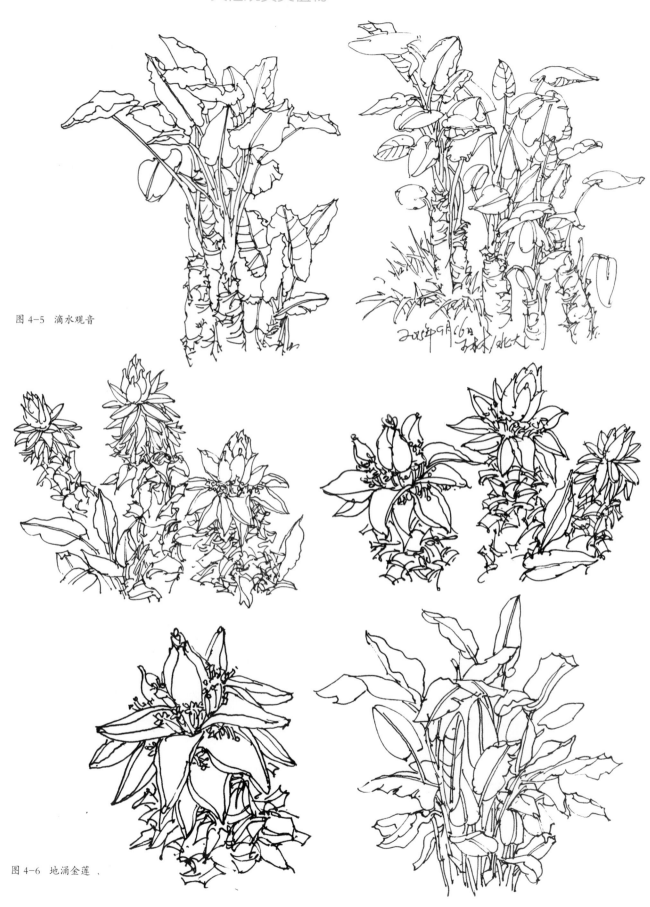

图 4-5　滴水观音

图 4-6　地涌金莲

图 4-7　芭蕉

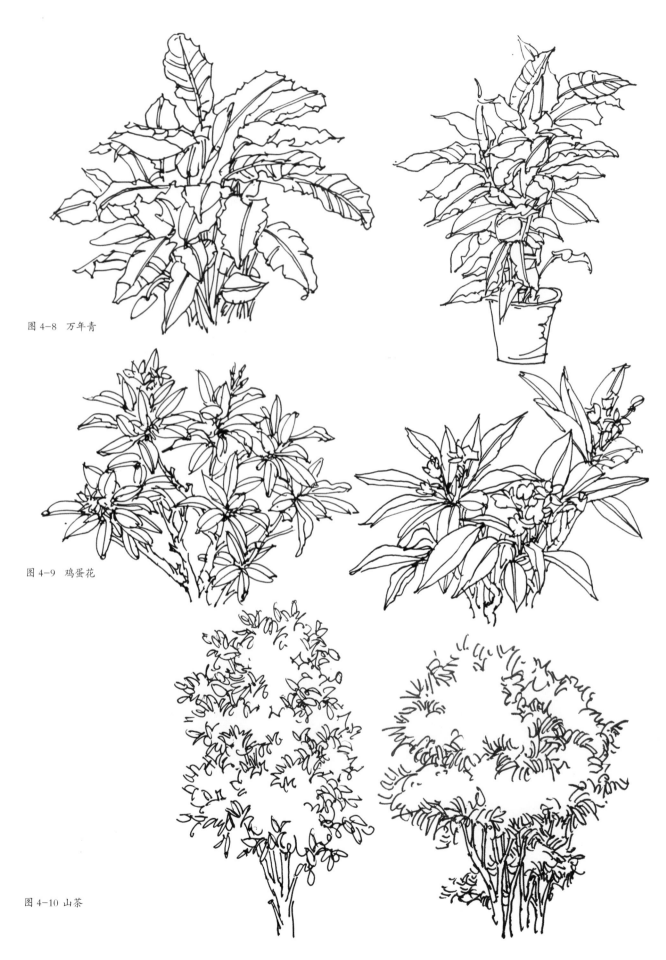

图 4-8 万年青

图 4-9 鸡蛋花

图 4-10 山茶

图 4-11 孝顺竹及局部

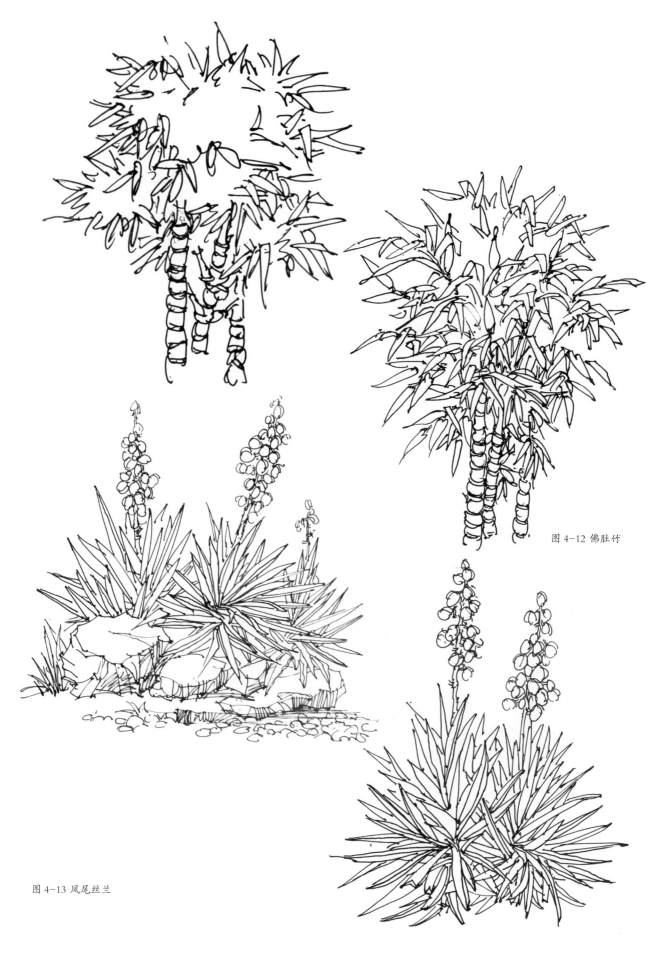

图 4-12 佛肚竹

图 4-13 凤尾丝兰

4.1.3 植物景观

图 4-14 清西陵松树。作品描绘了一个近有松远有山的画面场景，松树的形状苍劲多姿，充满着力量，蜿蜒的
　　　　小路通向远方，进一步增强了画面的通透感

图 4-15 两幅作品沿用了横向表现的方式进行叙述，砌砖的墙体与拱桥使画面更为稳重，松柏高低错落彼此衬托，
具有较强的画面感，画面黑白关系及疏密处理也较为得当

图 4-16 这两幅写生作品
用笔娴熟，恰到
好处地表现了松
树的遒劲有力，
树干的黑白关系
处理比较到位，
树干的倾斜姿态
也富有美感，画
面整体结实耐看

图 4-17 校园小景。这两幅作品是写生草稿，画面构成元素较多，构图紧凑，植物及其他元素表现都很不错

图 4-18 棕榈科植物

4.2 马克笔类

4.2.1 植物单体上色

图 4-18 棕榈科植物

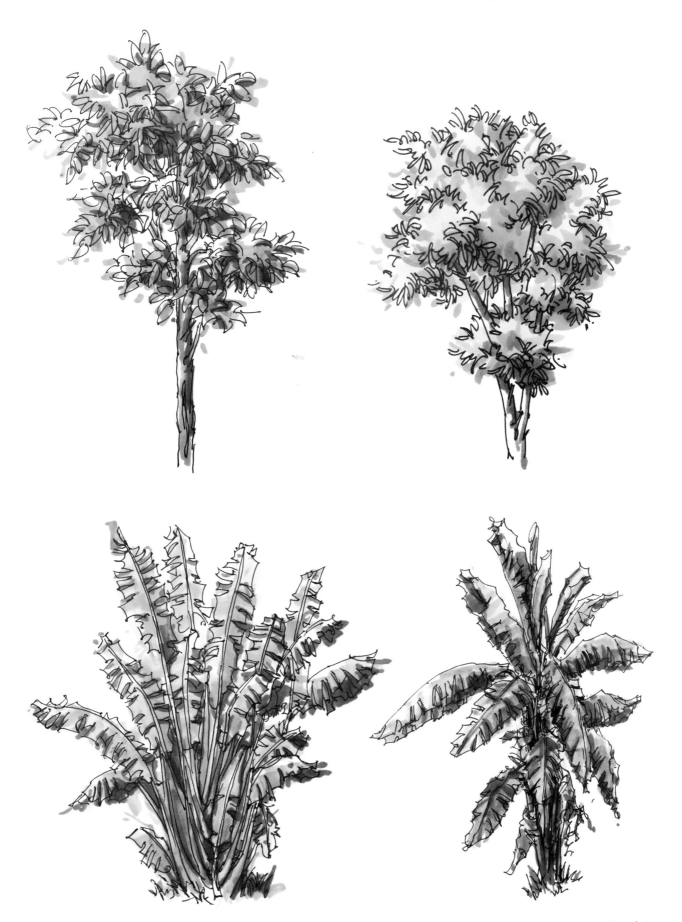

图 4-19 其他植物单体

4.2.2 植物应用色彩表现

图 4-20 景观小品。画面清透，色彩及空间塑造均有着较强的感染力，植物上色笔触大胆而肯定，亭子也有着
　　　　不错的明暗关系

图 4-21 作品构图小巧，植物勾画表现较为概括，用笔熟练，色彩搭配合理，整体色彩响亮、色调协调

图 4-22 植物小景。作品画面紧凑，色彩视觉效果良好，马克笔笔触熟练，植物用色及形体塑造都很不错

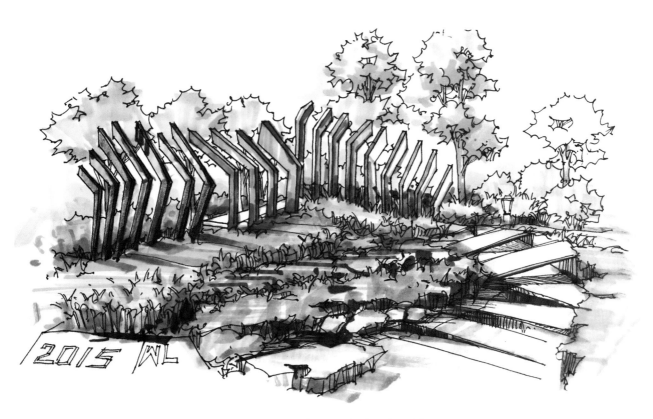

图 4-23 公园小景。作品墨线表达富有节奏，色彩丰富，较好地表现了小景的整体色彩关系

图 4-24 小树林。画面有较好的进深空间，植物色彩表现沉稳大气，构图饱满。远处的山脉与近处的花草表现生动

图 4-25 松林一景。色彩关系明确，笔法处理也比较得当。左右两侧松树具有较好的色彩感，在画面里面起到
　　　　了框景的作用

图 4-26 古松小景。作品主要绘写了一棵体态侧倾的松树，钢笔画表现生动自然，妙趣横生，马克笔上色也较
　　　　为得体，丝毫没有琐碎感

图 4-27 作品中植物表现笔法熟练，石块的处理也较为妥当，构图严谨

图 4-28 公园一景。构图紧凑、色彩丰富，植物墨线形体表现也较为充分，场景人物留白的处理技法值得肯定

图 4-29 园林小景。色彩表现概括，笔触灵活，画面构图讲究，有较好的素描与空间关系。图中的栅栏起到了
　　　分割空间的作用

图 4-30 游园小品。画面颜色丰富，形体塑造准确，笔触肯定。植物与石块相映成趣，起到了活跃画面的效果

图 4-31 小桥流水。作品为编者的写生练习，画面生动自然，植物的墨线及色彩表现都极为突出。石桥左右贯穿，
暖灰色桥身与远处的绿色植物互为陪衬，画面构图完整

图 4-32 作品为小游园的次入口，植物配置高低错落，色彩冷暖协调，墙体的质感表现为画面增色不少

图 4-33 公园内景。构图均衡，色彩透亮。马克笔上色笔法熟练，素描及空间关系都很不错

图 4-34 水景一角。画面造景元素丰富，形体塑造也较为得体，植物的马克笔技法表现生动有趣

图 4-35 作品小巧精致，色彩冷暖对比较为强烈，透出画者较深的功力

图 4-36 车库入口景观。画面空间进深感较强，植物配置丰富，色彩整体表现有韵律感